Gogineni Venkata Jagadeesh

Análise de elementos finitos na maquinagem de ligas de magnésio

Gogineni Venkata Jagadeesh

Análise de elementos finitos na maquinagem de ligas de magnésio

ScienciaScripts

Cover image: www.ingimage.com

This book is a translation from the original published under ISBN 978-620-8-01183-3.

Publisher:
Sciencia Scripts
is a trademark of
Dodo Books Indian Ocean Ltd. and OmniScriptum S.R.L publishing group

120 High Road, East Finchley, London, N2 9ED, United Kingdom
Str. Armeneasca 28/1, office 1, Chisinau MD-2012, Republic of Moldova, Europe
Printed at: see last page
ISBN: 978-620-8-12031-3

ÍNDICE

RESUMO

A medição da força no corte de metais é um requisito essencial, uma vez que está relacionada com o projeto da peça da máquina, o projeto da ferramenta, o consumo de energia, as vibrações, a precisão da peça, etc. O objetivo da medição da força de corte é compreender o mecanismo de corte, tal como os efeitos das variáveis de corte na força de corte, a inabilidade mecânica da peça de trabalho, o processo de formação de aparas, a vibração e o desgaste da ferramenta. Este projeto apresenta um modelo de simulação para estimar as forças de corte no processo de torneamento. Foi utilizado um modelo de simulação 3D para prever as forças de corte, uma vez que está mais próximo do processo prático do que o modelo bidimensional, embora o tempo de computação seja muito elevado para um modelo 3D. Foi utilizado um modelo 3D para corte oblíquo e foi desenvolvido um modelo para analisar o torneamento de MAGNÉSIO ZE41A utilizando pastilhas HSS utilizando o software ANSYS. A análise de elementos finitos incorporou as propriedades elásticas e plásticas do material de trabalho na maquinagem e o modelo Johnson-cook foi utilizado para a simulação do corte. Os resultados do modelo de simulação foram comparados com os dados experimentais. Verificou-se que os resultados da simulação estavam em boa concordância com os resultados experimentais.

CAPÍTULO - 1

INTRODUÇÃO

O ZE41 é uma liga de fundição de magnésio que contém zircónio, terras raras e zinco. É utilizada em aplicações aeroespaciais, químicas, automóveis e marítimas devido à sua elevada relação resistência/peso, resistência mecânica, ao choque térmico e à fadiga e elevada resistência à corrosão. O método experimental de obtenção de dados envolve custos elevados e desperdícios; há uma grande necessidade de desenvolver outras abordagens. São utilizados métodos analíticos e numéricos para obter dados sobre o processo de corte. Na abordagem de simulação, os modelos podem ser modelados em modelos bidimensionais ou tridimensionais.

Em duas dimensões, podem ser modelados modelos ortogonais e, em três dimensões, podem ser modelados modelos de corte ortogonais e oblíquos. Grande parte da literatura sobre modelos de torneamento baseia-se numa abordagem bidimensional devido ao tempo de computação e à complexidade dos modelos tridimensionais. Mas os modelos de simulação tridimensionais estão mais próximos do trabalho prático.

. Esta liga é adequada para peças fundidas de alta integridade que são operadas a temperaturas ambiente ou até 149°C (300°F). É facilmente soldável e estanque à pressão. A liga ZE41 é maquinada como qualquer outra liga de fundição de magnésio, utilizando técnicas convencionais. É tratada termicamente a temperaturas óptimas que variam entre 177-343°C (350-650°F) durante 10 a 16 horas. Este processo é seguido por um arrefecimento em água. A liga é soldada pelo processo TIG utilizando varetas de enchimento de composição semelhante.

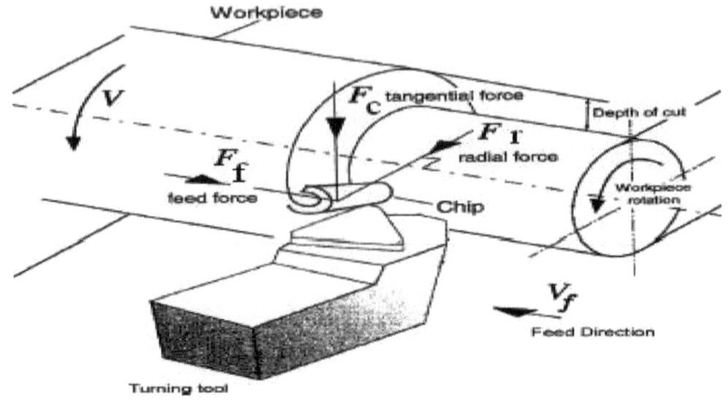

Fig 1.1 Torneamento cilíndrico

Forças desenvolvidas durante a viragem:

- **Força de corte ou tangencial:** Actua para baixo sobre a ponta da ferramenta, permitindo a deflexão da peça para cima. Fornece a energia necessária para a operação de corte. A força de corte específica necessária para cortar o material é designada por força de corte específica.
- **Força axial ou de avanço**: Actua na direção longitudinal. É também chamada de força de avanço porque está na direção de avanço da ferramenta. Esta força tende a empurrar a ferramenta para fora do mandril.
- **Força radial ou de impulso:** Actua na direção radial e tende a empurrar a ferramenta para longe da peça de trabalho.

Foi criado um modelo tridimensional de fem capaz de simular uma operação de corte, etc. A operação de corte ortogonal é simulada. A formação de aparas é simulada e as forças de corte experimentais e numéricas são comparadas. O modelo pode ser desenvolvido através de modelos baseados em FEA utilizando CATIA, que são capazes de prever o efeito de várias variáveis de processo nas medidas de desempenho interessadas, como as forças de corte. Desenvolveu um modelo de torneamento 3D utilizando ANSYS para avaliar as forças de maquinagem, as variações de tensão e de temperatura, juntamente com o fluxo de aparas.

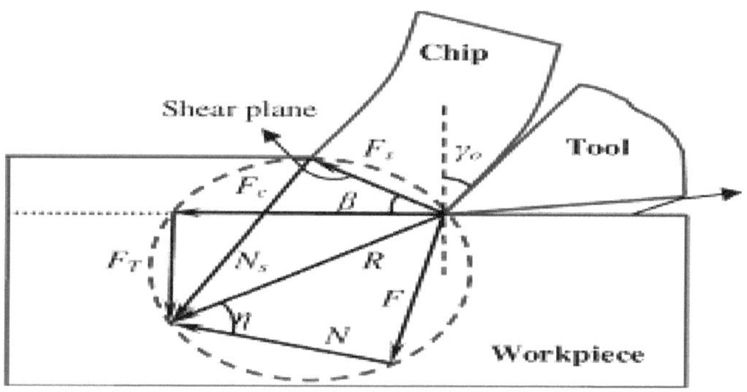

Fig 1.2 Círculo comercial

Nomenclatura da ferramenta de corte de ponta única:

Haste: É o corpo principal da ferramenta.

Flanco: A superfície ou superfícies abaixo da adjacente à aresta de corte é

Flanco chamado da ferramenta.

Face: A superfície sobre a qual a limalha desliza é designada por face da ferramenta.

Calcanhar: É a intersecção entre o flanco e a base da ferramenta.

A vanguarda.

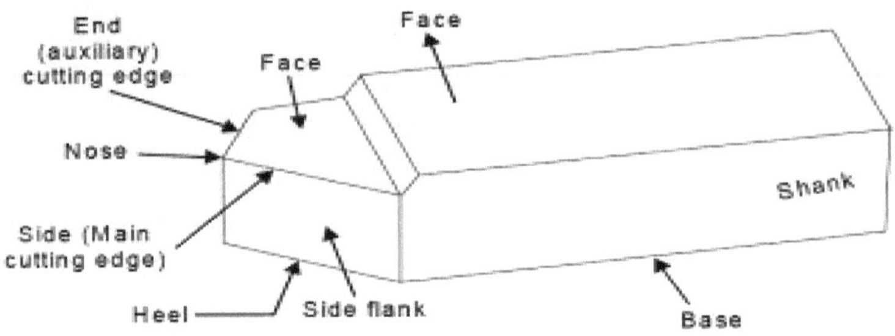

Fig 1.3 Ferramenta de corte de ponta única

Parâmetros de maquinagem

- **Velocidade de corte:** É definida como a velocidade a que o trabalho se desloca em relação à ferramenta. A velocidade é normalmente medida em "m/min"

- **Avanço:** É definido como a distância que a ferramenta percorre durante uma rotação da peça. É normalmente medido em **"mm/rev"**

- **Profundidade de corte:** É a distância que a broca da ferramenta se desloca para dentro do trabalho. Normalmente medida em **milímetros**.

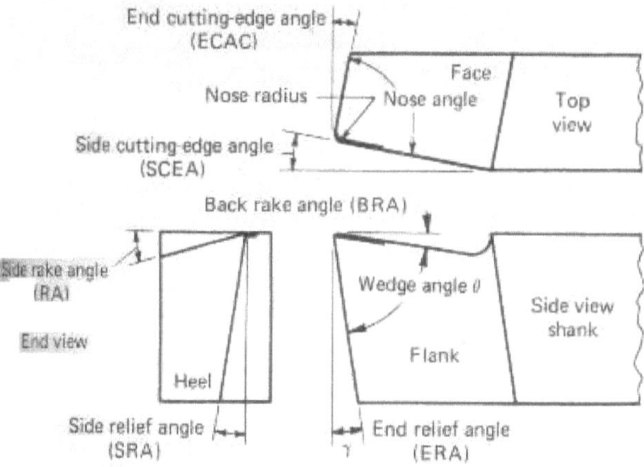

Fig 1.4 Ângulos da ferramenta de corte de ponta simples

Corte ortogonal: Também designado por corte 2D, é um tipo de corte de metal em que a ferramenta de corte se aproxima da peça de trabalho com a sua aresta de corte paralela à superfície não cortada e perpendicular à direção de corte. Assim, o ângulo de aproximação da ferramenta e a inclinação da aresta de corte são nulos.

- Duas forças de corte mutuamente perpendiculares actuam sobre a peça de trabalho

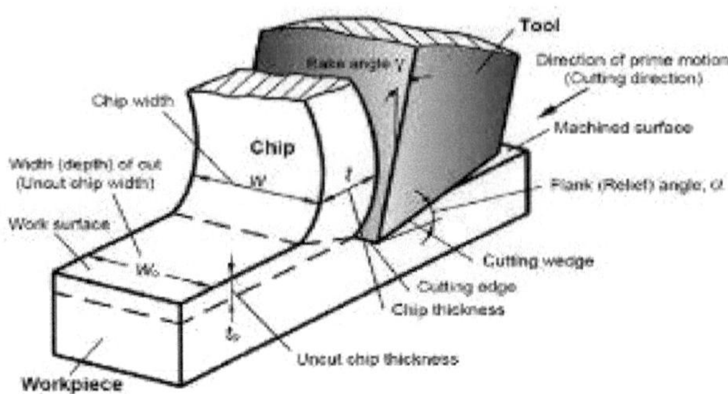

Fig 1.5 Corte ortogonal:

CAPÍTULO - 2

REVISÃO DA LITERATURA

O Dr. Sandeep Kumar [1] efectuou ensaios de simulação 3D e estudo experimental das forças de corte no torneamento do Inconel-718

O processo de torneamento oblíquo 3D e o modelo de tensão de fluxo de Johnson Cook foram utilizados para obter uma simulação tão próxima quanto possível das forças de corte durante o torneamento do Inconel 718. As forças de corte são principalmente afectadas pela profundidade de corte. Os resultados da simulação obtidos com o ABAQUS.

Peta.Anil Kumar [2] Análise de elementos finitos da otimização dos parâmetros de torneamento da super liga Inconel 718

O efeito dos parâmetros velocidade de corte, velocidade de avanço e profundidade de corte durante o torneamento da liga de níquel Inconel 718 é formulado matematicamente utilizando três ferramentas de corte diferentes: carboneto de tungsténio, cerâmica de alumina KY1615 e nitreto de boro cúbico.

R. Shivpurib[3] Simulação numérica do torneamento duro de acabamento do aço AISI H13

À medida que a velocidade de corte, a profundidade de corte e o raio da ponta da ferramenta aumentam, as temperaturas da peça e da ferramenta aumentam, o que pode induzir crateras de difusão e desgastes de flanco mais graves na ferramenta

Chuanzhen Huanga, [4] Simulação 3D FEM do processo de torneamento do aço inoxidável 17-4PH com ferramentas de corte com diferentes texturas

As ferramentas curvilíneas com micro-ranhuras eram mais adequadas para o torneamento em desbaste. No torneamento de acabamento, foram geradas quantidades de rebarbas e micro-ranhuras 428 G. Liu, C. Huang e R. Su et al. International Journal of Mechanical Sciences 155 (2019) 417-429 geradas nas superfícies de retorno das aparas, o que pode enfraquecer os benefícios das ferramentas micro-sulcadas curvilíneas, incluindo as dispersões de tensão da ferramenta e a redução das forças de corte e da temperatura

Rajashekhar Reddy [5] Estudo da temperatura no torneamento do Inconel-718: Simulação 3D e experimentação

Um modelo termo-mecânico acoplado de torneamento oblíquo com formação contínua de cavacos é usado para prever a distribuição de temperatura para o Inconel 718. Observa-se que a temperatura de corte aumenta com o aumento da profundidade de corte e o mesmo acontece com a velocidade de corte.

CAPÍTULO - 3

MATERIAIS

MATERIAL DA PEÇA DE TRABALHO:

LIGA DE MAGNÉSIO:

As ligas de magnésio têm atraído um interesse renovado como ligas leves, para substituir alguns materiais estruturais convencionais para redução de peso em veículos como carros, camiões, comboios e aviões. As ligas fundidas, amplamente utilizadas em componentes interiores e do grupo motopropulsor, representam mais de 99% das ligas de magnésio utilizadas atualmente, enquanto apenas um pequeno número de produtos forjados é utilizado. Isto deve-se ao facto de as ligas de magnésio não terem formabilidade para aplicações forjadas e de o seu elevado custo desencorajar a utilização de ligas de magnésio em aplicações automóveis.

CLASSIFICAÇÃO DA LIGA DE MAGNÉSIO:

As ligas de magnésio são compósitos de magnésio com outros metais, frequentemente alumínio, zinco, manganês, silício, cobre e materiais de terras raras.

Ligas de fundição

A tensão de prova de fundição do magnésio é normalmente de 75-200 MPa, a resistência à tração é de 135-285 MPa e o alongamento é de 2-10%. A densidade típica é de 1,8 g/cm^3 e o módulo de Young é de 42 GPa.

- AZ63

- AZ81
- AZ91
- AM50
- AM60
- ZK51

Liga forjada:

A tensão de prova da liga de magnésio forjado é tipicamente 160-240 MPa, a resistência à tração é 180-440 MPa e o alongamento é 7-40%. As ligas forjadas mais comuns são:

- AZ61
- AZ80
- ZK60
- M1A
- HK31
- HM21
- ZE41

Composição da liga ZE41:

- O ZE41 é uma liga de magnésio para fundição que contém zircónio, terras raras e zinco.

Mg	95%

Zinco, Zn 3,5-5%

Terras raras 0,8-1,7%

Zircónio, Zr 0,4-1%

Aplicações

- Componentes de aeronaves
- Equipamento militar
- Câmaras de vídeo
- Equipamento de ensaio de vibrações
- Rodas de motociclos
- Ferramentas eléctricas
- Caixas de velocidades para helicópteros

Maquinação a seco:

A maquinagem a seco é um método de processamento que, conscientemente, não utiliza fluido de corte e efectua a maquinagem sem líquido frio, principalmente para proteger o ambiente e reduzir os custos.

Vantagens da maquinagem a seco

- É possível obter uma série de vantagens com a maquinagem a seco, incluindo a ausência de poluição atmosférica, da água ou da terra; ausência de riscos profissionais para a saúde; e uma redução significativa dos custos, uma vez que não há manutenção e eliminação de fluidos

CAPÍTULO - 4

ANÁLISE DE ELEMENTOS FINITOS

Análise de elementos finitos

A Análise por Elementos Finitos (FEA) é um método numérico para resolver problemas de engenharia e física matemática. É útil para problemas com geometrias complicadas, cargas e propriedades dos materiais em que não é possível obter soluções analíticas.

As várias etapas seguidas na resolução de qualquer problema de engenharia utilizando este método são

1. Discretização
2. Seleção dos modelos de deslocação.
3. Derivação das matrizes de rigidez dos elementos.
4. Montagem de equações/matrizes globais.
5. Soluções para deslocamentos desconhecidos.
6. Cálculos para as deformações/tensões.

1. Discretização:

   O problema real, com um grau de liberdade infinito, é dividido em pequenos elementos com um grau de liberdade finito, o que se designa por discretização.

   - Selecionar a forma e o tipo de elemento mais adequados ao comportamento físico.
   - O componente é dividido em elementos com nós.
   - O elemento deve ser suficientemente pequeno para dar resultados exactos e suficientemente grande para reduzir o tempo de cálculo.

- Para discretizar o componente, pode ser utilizado o pré-processador do pacote ou um programa de geração automática de malhas.

2. Seleção dos modelos de deslocação:

   A seleção de uma função de deslocamento desempenha um papel importante na derivação da matriz de rigidez e afecta a precisão da solução.

   - Deve ser uma função polinomial com uma constante e um termo linear.
   - Definir a função em termos de deslocamento nodal
   - Os elementos lineares terão funções lineares e os elementos quadráticos terão funções quadráticas.

3. Definir as relações tensão-deslocamento e tensão-deformação :

   Uma vez definida a função de deslocamento, derivar as funções de forma. As relações de deformação - deslocamento são dadas como

   {E} =[B] {Se}

   {E} = vetor de deformação

   [B] = matriz de deformação-deslocamento

   {Se} = vetor de deslocamento nodal

   Depois de derivar a matriz de deformação, o vetor de tensão é derivado utilizando a seguinte equação.

   {σ} = [D] {E} = [D] [B] {Se}

   {σ} = vetor de tensão

   [D] = matriz de elasticidade

4. Determinar a equação do elemento

As equações acima mencionadas são derivadas para cada elemento. A equação da matriz de rigidez para um elemento é dada como

[Ke] {Se} = {Fe}

[Ke] = matriz de rigidez do elemento

{Fe} = vetor de força nodal

A matriz de rigidez do elemento é obtida utilizando qualquer um dos seguintes métodos:

- Método de equilíbrio direto
- Método da energia
- Método dos resíduos ponderados

A matriz de rigidez obtida é simétrica por natureza.

5. Montar a matriz de elementos para obter a equação global

A matriz de rigidez derivada para cada um dos elementos é montada para obter a matriz de rigidez global, como se mostra a seguir:

[K] {S} = {F}

[K] = matriz de rigidez global

{S} = vetor de deslocamento global

{F}= matriz de forças globais

As condições de fronteira são aplicadas à matriz global acima referida, o que resulta na eliminação de algumas equações da matriz.

6. Resolver as equações algébricas para obter quantidades desconhecidas utilizando métodos numéricos

As equações que permanecem após a aplicação das condições de fronteira são resolvidas para obter o parâmetro desconhecido, o deslocamento, utilizando qualquer um destes métodos.

- Método de eliminação de Gauss
- Método GuassSiedal

- Método de Gauss -Jordan
- Método de Crout

Vantagens do MEF

1. Os corpos irregulares podem ser analisados facilmente.
2. As condições de carga generalizadas podem ser incorporadas sem grande dificuldade.
3. Os corpos de mais do que um material podem ser modulados, uma vez que as equações dos elementos são formuladas separadamente.
4. É possível tratar com êxito condições de fronteira ilimitadas e de diferentes tipos.
5. O tamanho do elemento na malha pode ser variado.
6. As alterações e modificações do modelo podem ser efectuadas muito facilmente.
7. Os efeitos dinâmicos também podem ser estudados.
8. O comportamento não linear também pode ser facilmente incorporado.

Aplicações do MEF

O conceito do método dos elementos finitos pode ser aplicado a uma grande variedade de problemas de engenharia para estudar o comportamento de um elemento estrutural face às cargas que actuam sobre ele. Isto ajuda a identificar a localização da falha ou fratura num componente e ajuda a modificar o projeto antes de ir para o fabrico. Isto também reduz o custo dos ensaios dos componentes e poupa tempo. A análise seguinte pode ser efectuada utilizando métodos de elementos finitos:

- **Análise de tensões**: Nesta análise, o objetivo é determinar as tensões e deformações induzidas nos materiais e nas estruturas sujeitas a várias cargas como forças, binários, temperaturas, etc.
  - ✓ Podem também ser calculadas as tensões térmicas que podem ser induzidas nos componentes que interagem com o calor, como os componentes de motores, turbinas, rolamentos, etc.
  - ✓ A análise de fadiga pode ser efectuada para estudar o comportamento dos componentes sujeitos a cargas cíclicas, como componentes de motores, discos de turbinas, veios, etc.

- **Análise de vibrações**

  É também designada por análise modal, utilizada para estudar as caraterísticas de vibração das estruturas, como as frequências naturais e as formas modais (forma da estrutura quando vibra a uma determinada frequência). Esta análise pode ser aplicada a estruturas como edifícios, barragens, conjuntos de engenharia como motores de automóveis, turbinas, etc.

- **Análise térmica**

  Nesta análise, o comportamento do componente sujeito a várias cargas, como temperatura, fluxo de calor, correntes de convecção e efeitos de radiação, é estudado em componentes como alhetas, placas, rotor e pás de turbinas, componentes de motores e permutadores de calor, incluindo as mudanças de fase, como caldeiras, evaporadores e condensadores, etc. Os resultados desta análise incluem gradientes de temperatura, distribuições de temperatura e de fluxo de calor, etc.

- **Problemas de escoamento de fluidos**

Esta análise é utilizada para estudar os problemas, que incluem o escoamento de um fluido envolvendo transferência de calor ou diferenciais de pressão.

- **Análise electromagnética**

  Nesta análise, podemos estudar a distribuição do fluxo magnético e elétrico em vários dispositivos eléctricos e electrónicos.

APLICAÇÕES DO FEA

- Engenharia estrutural (análise de pórticos, treliças, pontes, etc.)
- Engenharia aeronáutica (análise de asas de aviões, diferentes partes de mísseis e foguetões)
- Engenharia térmica (análise da distribuição da temperatura, fluxo de calor, etc.)
- Engenharia hidráulica e hidrodinâmica (análise de escoamentos viscosos, potenciais e de camada limite)
-

SOFTWARES FEA POPULARES

Há uma variedade de software comercial de FEA disponível no mercado. Não é suposto um único software ter todas as capacidades para satisfazer todos os requisitos de simulação de um projeto. Assim, com base nos requisitos, algumas empresas desenvolvem as suas próprias versões personalizadas de software. Alguns dos softwares de FEA mais populares disponíveis no mercado são os seguintes

- Adina
- Abaqus

- Ansys
- MSC/Nastran
- Cosmos
- NISA
- Marc
- Ls-Dyna
- MSC/Dytran
- Estrela-CD

CAPÍTULO - 5

ANSYS

ANSYS é um pacote de modelação de elementos finitos de **uso** geral para resolver numericamente uma grande variedade de problemas mecânicos. Estes problemas incluem: análise estrutural estática/dinâmica (tanto linear como não linear), transferência de calor e problemas de fluidos, bem como problemas acústicos e electromagnéticos. Permite que os engenheiros executem as seguintes tarefas: construir modelos informáticos ou modelos de transferência de estruturas, produtos, componentes ou sistemas, aplicar cargas de funcionamento ou outras condições de desempenho do projeto, estudar respostas físicas como níveis de tensão, distribuições de temperatura ou campos electromagnéticos, otimizar um projeto no início do processo de desenvolvimento para reduzir os custos de produção, realizar ensaios de protótipos em ambientes onde, de outro modo, seria indesejável ou impossível.

EVOLUÇÃO HISTÓRICA

O desenvolvimento do método dos elementos finitos segue de perto o calendário do desenvolvimento do computador digital. Antes do advento do computador digital, os trabalhos realizados durante a década de 1940 envolveram a aproximação de sólidos contínuos como uma coleção de elementos de linha (barras e vigas).

No entanto, devido à falta de ferramentas de cálculo, o número de elementos de linha teve de ser reduzido ao mínimo. A primeira aparição de elementos bidimensionais surgiu num artigo publicado em 1956 por Turner, Clough Martin e Top. No entanto, Clough só utilizou o termo elemento finito em 1960 num artigo. A década de 1960 foi uma época em que a maioria das grandes empresas começou a instalar computadores mainframe. No entanto, a maior parte do trabalho de análise de elementos finitos era feito como um exercício de investigação, em vez de fazer parte do ciclo normal de conceção de produtos. Durante a década de 1970, começaram a aparecer vários programas de elementos finitos de grande dimensão para uso geral, executados em computadores mainframe. No entanto, devido à dependência de grandes instalações de computação, a análise de elementos finitos era geralmente utilizada apenas por grandes empresas. Os ecrãs gráficos de computador não eram predominantes até ao final da década de 1970. Este facto obrigou a que as etapas de pré e pós-processamento dependessem de apresentações gráficas em papel produzidas em plotters.

Este facto aumentou consideravelmente o tempo necessário para executar os passos exigidos nas fases de pré e pós-processamento. Durante a década de 1980, muitos pacotes de software de elementos finitos eram executados em microcomputadores, juntamente com pré e pós-processadores orientados para gráficos altamente interactivos. No final da década de 1980 e na década de 1990, muitos destes pacotes de elementos finitos foram transferidos para computadores pessoais. No entanto, ainda hoje, algumas análises de elementos finitos continuam a ser efectuadas em computadores de grande escala para problemas que envolvem modelos muito grandes, tais como cálculos de escoamento de fluidos, solidificação de peças fundidas e algumas análises estruturais não lineares.

CAPACIDADES ESPECÍFICAS DO ANSYS

Análise estrutural - a análise estrutural é provavelmente a aplicação mais comum do método dos elementos finitos, uma vez que implica pontes e edifícios, estruturas navais, aeronáuticas e mecânicas, tais como cascos de navios, corpos de aeronaves e caixas de máquinas, bem como componentes mecânicos, tais como pistões, peças de máquinas e ferramentas.

Análise estática - É utilizada para determinar deslocamentos, tensões, etc. em condições estáticas. O ANSYS pode calcular análises estáticas lineares e não lineares. Os vínculos não lineares podem incluir plasticidade, reforço de tensões, grandes deflexões, grandes deformações, hiperelasticidade, superfícies de contacto e fluência.

Análise dinâmica transitória - É utilizada para determinar a resposta de uma estrutura a cargas arbitrariamente variáveis no tempo. São permitidas todas as ligações não lineares mencionadas na análise estática

Análise de encurvadura - É utilizada para calcular as cargas de encurvadura e determinar a forma do modo de encurvadura. São possíveis análises de encurvadura linear (valor próprio) e não linear.

Análise Térmica - O ANSYS é capaz de efetuar análises em estado estacionário e transiente de qualquer sólido com condições de fronteira térmicas. A análise térmica em estado estacionário calcula os efeitos de cargas térmicas constantes num sistema ou componente.

Os utilizadores realizam frequentemente uma análise em estado estacionário, que também pode ser o último passo de uma análise térmica transiente; realizada depois de todos os efeitos transientes terem diminuído. O ANSYS pode ser utilizado para determinar temperaturas, gradientes térmicos, taxas de fluxo de calor e fluxos de calor num objeto que são causados por cargas térmicas que não variam ao longo do tempo. Tais cargas incluem as seguintes:

a) Convecção
b) Radiação

c) Caudais de calor
d) Fluxos de calor (fluxo de calor por unidade de área)
e) Taxas de produção de calor (fluxo de calor por unidade de volume)
f) Limites de temperatura constante

Escoamento de Fluidos - O ANSYS CFD (Computational Fluid Dynamics) oferece ferramentas abrangentes para analisar campos de escoamento de fluidos bidimensionais e tridimensionais. ANSYS é capaz de modelar uma vasta gama de tipos de análise, tais como:

aerofólios para análise de pressão de asas de avião (sustentação e arrasto), escoamento em bocais supersónicos e padrões de escoamento tridimensionais complexos numa curva de tubo. Além disso, o ANSYS/FLOTRAN pode ser utilizado para realizar tarefas que incluem:

a) cálculo da distribuição da pressão e da temperatura do gás num coletor de escape do motor
b) estudo da estratificação térmica e da rutura em sistemas de tubagens
c) utilizando estudos de mistura de fluxos para avaliar o potencial de choque térmico

No ANSYS, uma análise acústica envolve normalmente a modelação de um meio fluido e da estrutura envolvente. As caraterísticas em questão incluem a distribuição da pressão no fluido a diferentes frequências, o gradiente de pressão e a velocidade das partículas, o nível de pressão sonora, bem como a dispersão, difração, transmissão, radiação, atenuação e dispersão das ondas acústicas.

Uma análise acústica acoplada tem em conta a interação fluido-estrutura. Uma análise acústica desacoplada modela apenas o fluido e ignora qualquer interação fluido-estrutura. O programa ANSYS assume que o fluido é compressível, mas permite apenas alterações de pressão relativamente pequenas em relação à pressão média.

Além disso, assume-se que o fluido não flui e não é viscoso (ou seja, a viscosidade não causa efeitos dissipativos). Assume-se que a densidade média e a pressão média são uniformes, sendo a solução de pressão o desvio da pressão média e não a pressão absoluta.

Campos acoplados - Uma análise de campos acoplados é uma análise que tem em conta a interação (acoplamento) entre duas ou mais disciplinas (campos) da engenharia. Uma análise piezoeléctrica, por exemplo, lida com a interação entre os campos estrutural e elétrico:

resolve a distribuição de tensão devido a deslocamentos aplicados, ou vice-versa. Outros exemplos de análise de campo acoplado são a análise de tensão térmica e a análise fluido-estrutura.

Algumas das aplicações em que a análise de campo acoplado pode ser necessária são os recipientes sob pressão (análise de tensão térmica), as construções de fluxo de fluidos (análise de estrutura de fluidos), o aquecimento por indução (análise magnético-térmica), os transdutores ultra-sónicos (análise piezoeléctrica), a conformação magnética (análise magneto-estrutural) e os sistemas micro-electro-mecânicos (MEMS).

Para além dos tipos de análise acima referidos, estão disponíveis várias funcionalidades especiais, tais como a mecânica da fratura, a análise de materiais compósitos, a fadiga e as análises p-Method e Beam.

ESTRUTURA DO ANSYS

Em geral, uma solução de elementos finitos pode ser dividida nas seguintes fases. Esta é uma diretriz geral que pode ser utilizada para a criação de qualquer análise finita.

- Pré-processamento: esta etapa trata da definição do problema. As principais etapas do pré-processamento são apresentadas de seguida:
- Definir pontos-chave/linhas/áreas/volumes
- Definir o tipo de elemento e as propriedades materiais/geométricas
- Enquadrar linhas/áreas/volumes conforme necessário

A quantidade de pormenores necessários dependerá da dimensão da análise (ou seja, 1D, 2D, axi-simétrica, 3D).

- Solução: atribuição de cargas, restrições e resolução; aqui especificamos as cargas (pontuais ou de pressão), as restrições (translacionais e rotacionais) e, finalmente, resolvemos o conjunto de equações resultante.
- Pós-processamento: processamento posterior e visualização dos resultados; nesta fase, pode desejar-se ver:
    - Listas de deslocamentos nodais
    - Forças e momentos dos elementos
    - Gráficos de deflexão
    - Diagramas de contorno de tensões

INTERFACE ANSYS

Existem dois métodos para utilizar o ANYSYS. O primeiro é através da interface gráfica do utilizador (GUI). Este método segue as convenções dos programas populares baseados no Windows e no X-Windows. A abordagem por ficheiro de comandos tem uma curva de aprendizagem mais acentuada para muitos, mas tem a vantagem de uma análise completa poder ser descrita num pequeno ficheiro de texto, normalmente com menos de 50 linhas de comandos. Esta abordagem permite modificações fáceis do modelo e requisitos mínimos de espaço de ficheiro.

VANTAGENS DO ANSYS

ANSYS fornece uma forma económica de explorar o desempenho de produtos ou processos num ambiente virtual. Este tipo de desenvolvimento de produtos é designado por prototipagem virtual.

Com técnicas de prototipagem virtual, os utilizadores podem iterar vários cenários para otimizar a vida do produto antes do início do fabrico, o que permite uma redução do nível de risco e do custo de projectos ineficazes. A natureza multifásica do ANSYS também fornece um meio para garantir que os utilizadores sejam capazes de ver o efeito do design em todo o comportamento do produto, seja ele eletromagnético, térmico, mecânico, etc.

CAPÍTULO - 6

PROCEDIMENTO DE MODELAÇÃO

Procedimento adotado no presente trabalho

1. Selecionar a análise necessária a ser realizada
   Preferências - Estruturais
2. Selecionar o sistema de unidades
   Menu principal - Pré-processador - Material Props - Biblioteca de materiais - Selecionar unidades - Selecionar SI (MKS) - Ok
3. Selecionar o elemento adequado para a malha
   Menu principal - Pré-processador - Tipo de elemento - Adicionar/Editar/Eliminar - Adicionar - Sólido - Nó sólido 186 - Ok - Fechar
4. Selecionar as propriedades adequadas do material
   Menu principal - Preprocessador- Propriedades do material - Estrutural- Linear- Elástico - Isotrópico - Introduzir valores - Ok - Fechar
5. Modelação da viga I
   Menu principal - Pré-processador - Modelação - Volumes - Retângulo - Por bloco - Introduzir os valores - ok - fechar
6. Adicionar os volumes
   Menu principal - Pré-processador - Modelação - Operar - Booleanos - Adicionar - Selecionar todos os volumes - ok - fechar
7. Modelação de aberturas

Menu utilitário - Controlos de plotagem - Definições do plano de trabalho - Definições do desvio por WP - snap inrc - introduzir valor - 60 - ok

Plano de maquinagem - offset Incremento WP - clicar uma vez em +Y

Plano de trabalho - Definição do plano de trabalho - tipo snap incr - 200 - ok

Plano de maquinagem - deslocamento Incremento WP - clicar uma vez em +X

Modelação - operar - Booleanos - subtrair - volumes - introduzir Wpx=0 - Wpy=0 - largura = 200 - altura = 130 - profundidade = 10 - ok

8. Malha

   Main menu - Preprocessor - Meshing - Mesh Tool - Global set - select volumes - tet - free - Mesh - select - volumes - ok - close

9. Selecionar o material para a criação da malha do material compósito

   Menu principal -Preprocessador - Tipo de elemento - Adicionar/Editar/Eliminar - Adicionar - Sólido - Nó de tijolo 185 - Ok -Fechar.

   Menu principal - Pré-processador - tipo de elemento - Adicionar/Editar/Eliminar - Adicionar - Sólido - Nó de tijolo 185 - ok - opções - Material em camadas - ok- fechar

10. Atribuição de orientações ao material compósito

    Menu principal - Pré-processador - Secções - Casca - Disposição - Adicionar camadas - 130 - Espessura - 1mm - Orientação - 90,60,45,30,0 - ID do material - 2 - ok- fechar

11. Modelação de volumes em aberturas

Menu principal - Pré-processador - Modelação - Volumes - Retângulo - Por bloco - Introduzir os valores - ok - fechar

Menu principal - Pré-processador - Modelação - Copiar - Selecionar o volume - ok - Introduzir o valor - ok - fechar

12. Malha de compósito em aberturas

    Main menu - Preprocessor - Meshing - Mesh Tool - Global set - Material 2 - select volumes - tet - free - Mesh - select - volumes - ok - close

13. Modelação do contacto entre materiais sólidos e compósitos

    Menu principal - Pré-processador - Modelação - Criar - Par de contactos - Contact Wiz - Escolher alvo - selecionar área - seguinte - escolher contacto - selecionar área - ok - seguinte - coeficiente de atrito - introduzir 0,01 - definições óptimas - básico - algoritmo de contacto - método de Lagrange - comportamento da superfície de contacto - ligado - ajuste inicial de atrito - ajuste automático de contacto - reduzir penetração - ok - criar - terminar - fechar

14. Aplicar as cargas

    Menu principal - Solution - Define Loads - By displacement - on nodes - pick the box - ok - all DOF - ok - close

15. Aplicação de força

    Menu principal - Solution - Define Loads - Force/Moment - on nodes - Enter the value - 1000 - Fy - ok - close

16. Resolver o problema

    Menu principal - Solution - Solve - Current LS - ok - close

17. Visualizar os resultados

    Main menu - General Post Proc - Plot Results - Contour Plot - Nodal Solution - Stress - Deflection by Y-direction -- Select deformed and undeformed shape - ok - close

Main menu - General Post Proc - Plot Results - Contour Plot - Nodal Solution - Stress - Vonmises Stress- Select deformed and undeformed shape - ok - close

Main menu - General Post Proc - Plot Results - Element Solution - Stress - Vonmises Stress -- Select deformed and undeformed shape - ok - close

Dimensões da peça de trabalho

Diâmetro: Ø50 mm

Comprimento: 100 mm

Propriedades da liga de magnésio

S.N.	Propriedades	Valor
1	Módulo de Young	44Gpa
2	Coeficiente de Poisson	0.35
3	Densidade	1738 kg/m^3

Material da ferramenta de corte

Aço de alta velocidade

Propriedades da peça de trabalho Material

S.N.	Propriedades	Valor
1	Módulo de Young	200GPa
2	Coeficiente de Poisson	0.3
3	Densidade	8050 kg/m^3
4	Condutividade térmica	41W/m-k
5	Ponto de fusão	1430*c

CAPÍTULO - 7

RESULTADOS

Modelação dos componentes:

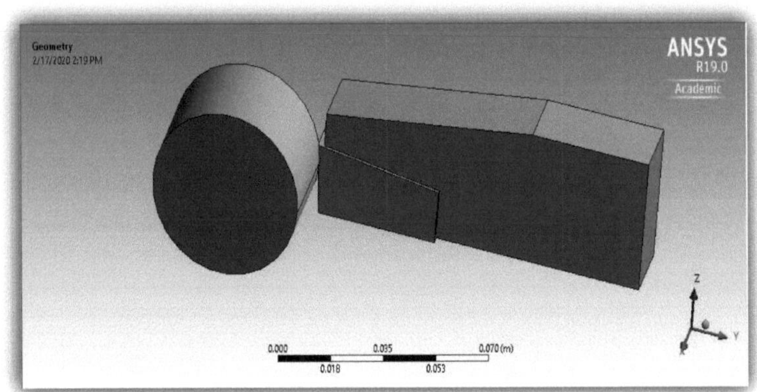

Malha dos componentes:

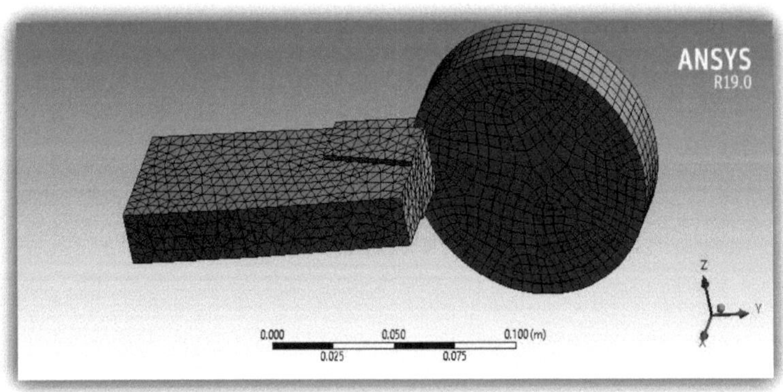

Dadas as condições de fronteira:

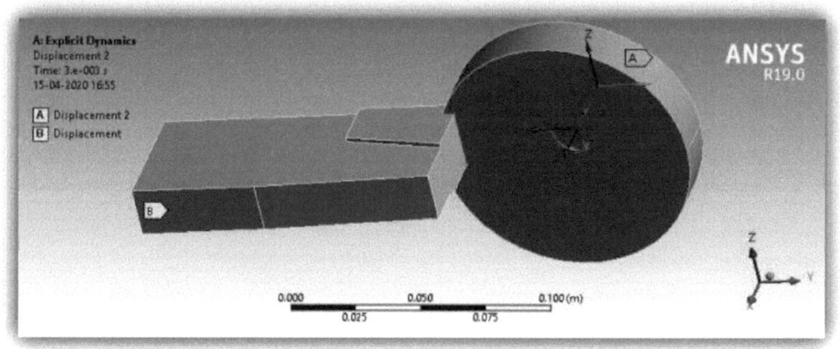

Velocidade angular em relação à peça de trabalho -100rad/sec

Deslocamento para a ferramenta de corte - 0,9 mm/rot

Profundidade de corte -0,3 mm

Análise dinâmica:

Análise de tensões do modelo:

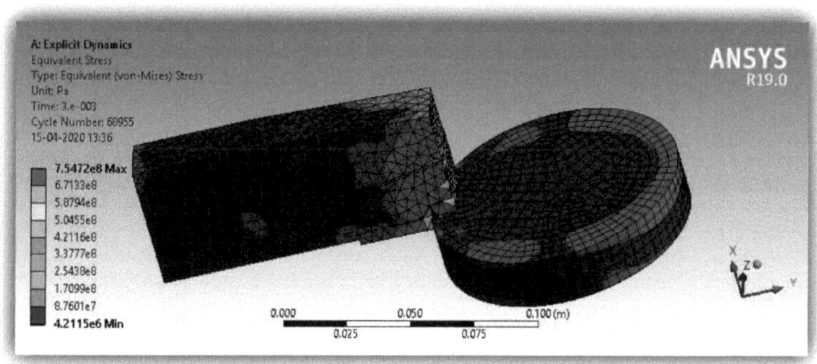

A tensão máxima induzida é de 29,03 GPa

A força desenvolvida = 56,96N

Análise de tensões equivalentes:

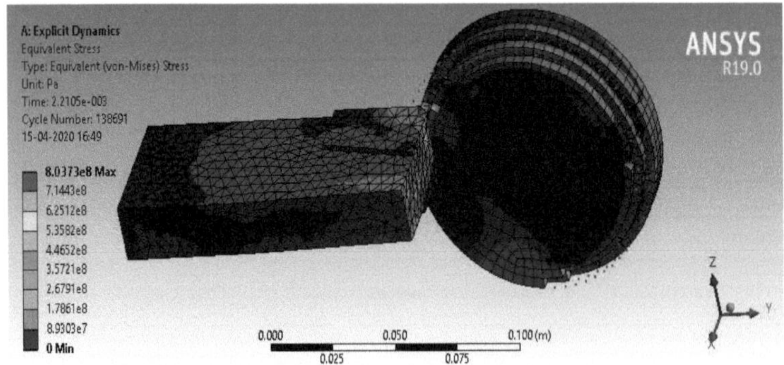

A força desenvolvida=115,73N

Análise de deformação equivalente:

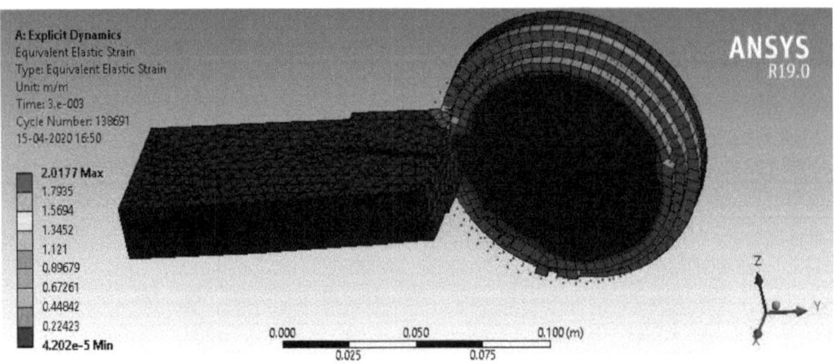

A deformação máxima desenvolvida = 2,01

Análise da deformação total:

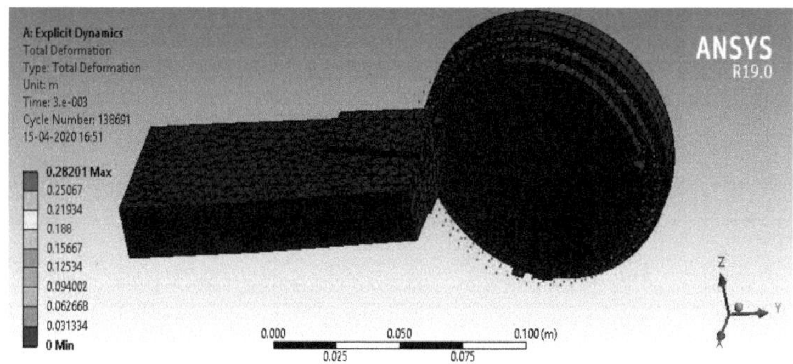

A deformação total máxima = 0,280 mm

A análise da velocidade do fluxo de aparas:

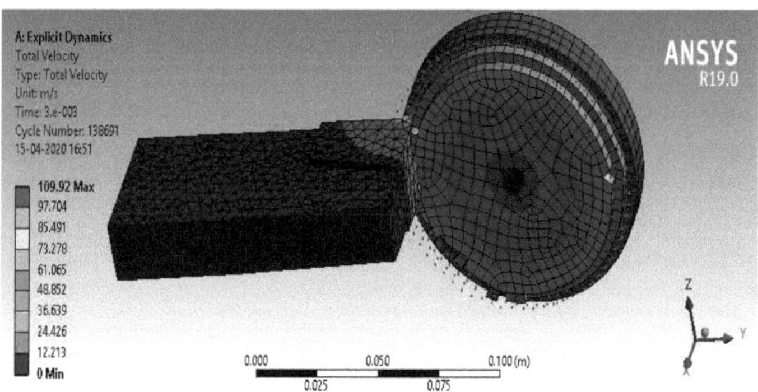

A velocidade máxima do fluxo de aparas = 105,92 m/s

Comparação das forças de corte

s.no	Velocidade angular em rad/s	Avanço em mm/rot	Profundidade de corte em mm	Força desenvolvida (por análise) em N	Força desenvolvida (pelo moente) Em N
1	100	0.943	0.3	56.96	53.45
2	200	0.549	0.4	115.73	107.22
3	300	0.418	0.5	168.04	152.79
4	400	0.354	0.6	215.42	201.91
5	500	0.314	0.7	257.02	220.33

Representação gráfica da comparação das forças de corte

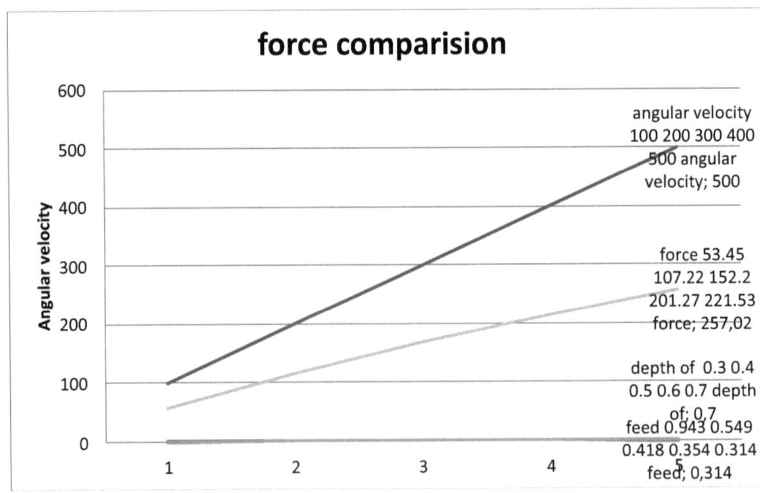

CAPÍTULO - 8

CONCLUSÃO

O trabalho concluído a partir de um estudo paramétrico realizado para investigar os efeitos da velocidade de corte, da profundidade de corte e do avanço no torneamento da liga de magnésio pode ser resumido da seguinte forma:

1. Foi desenvolvido um modelo de elementos finitos dinâmico explícito para simular o processo de formação de aparas no torneamento da liga de magnésio.
2. À medida que a velocidade de corte, a profundidade de corte e o avanço aumentam, a força de corte aumenta na interface entre a peça de trabalho e a ferramenta de corte, o que pode induzir crateras de difusão mais graves e desgastes na ferramenta.

3. O custo de fabrico e os riscos ambientais podem ser reduzidos através da maquinagem a seco. A quantidade óptima de lubrificação MQL pode ser investigada com mais experiências.
4. Todas as condições de corte, ambientes de lubrificação de arrefecimento têm efeito na temperatura de corte. Em condições secas, a geração de calor provoca um aumento da temperatura a velocidades mais elevadas. A fricção aumenta, a apara cola-se à face da ferramenta e cria-se uma nova geometria de corte. A aresta postiça (BUE) actua como uma parte da ferramenta.

CAPÍTULO - 9

REFERÊNCIAS

- D.A. Stephenson, "Tool-work thermocouple temperature measurements - theory and implementation issues," J Eng Ind-T ASME, 115 (2014), pp. 432-437
- K. F. Ehmann, S. G. Kapoor, R. E. DeVor e I. Lazoglu, "Machining Process Modeling: A Review," Journal of Manufacturing Science and Engineering(2016) Vol. 119/655
- H.K. Tonshoff, C. Arendt, R. Ben Amor, Corte de aço endurecido, Anais do CIRP 49/2 (2016) 547-566.
- T. Ozel , I. Llanos , J. Soriano & P.-J. Arrazol, "3d Finite Element Modelling Of Chip Formation Process For Machining Inconel 718:Comparison Of Fe Software Predictions," Machining Science and Technology, 15:21-46
- S.M. Afazov, S.M. Ratchev, J. Segal "Modelação e simulação de forças de corte de micro-fresagem" Journal of Materials Processing Technology 210 (2017) 2154-2162.
- Sasi R, Kanmani Subbu S, Palani IA. Desempenho da ferramenta de corte de aço rápido com textura de superfície a laser na maquinação da liga aeroespacial Al7075-T6. Surf Coat Technol 2017;313:337-46. doi:10.1016/j.surfcoat.2017.01.118.
- Zhang K, Deng J, Xing Y, Li S, Gao H. Efeito da textura em microescala no desempenho de corte de ferramentas revestidas com

TiAlN à base de WC/Co- sob diferentes condições de lubrificação. Appl Surf Sci 2015;326:107-18. doi:10.1016/j.apsusc.2014.11.059.

Printed by Books on Demand GmbH, Norderstedt / Germany